质量安全伴我行

食品安全检测篇

上海市质量监督检验技术研究院 著

上海科技教育出版社

"质量安全伴我行"丛书编委会

主　　编 季　飞

执行主编 解　楠

副 主 编 张婧瑜　刘　丁　李耀东　曲勤凤

编写人员（按姓氏笔画排序）

毛旭峰　卞　华　朱　伟　朱雨生　刘　洋　刘　峻　刘晨光
严雅君　李　勤　李文慧　杨卉娟　肖建芳　邱　正　张清平
陈　铄　陈业刚　陈静茹　林继钢　林毅侃　周兆懿　费国平
夏　烨　诸　欢　谢磊雷

目　录

- 正确认识食品添加剂 …………………… 2
- 食品微生物检测 ………………………… 14
- 探秘转基因食品 ………………………… 24

S 老师

质检院老师
处女座

温柔，和善，有耐心
认真负责，一丝不苟
怕黑，怕老鼠
不喜欢吃香菜

小Q

机灵可爱的
小吃货一枚

风风火火，活力满格
对世界充满好奇
有点粗心
时常会出小洋相

小I

智能机器人
S老师的得力
管家和助手

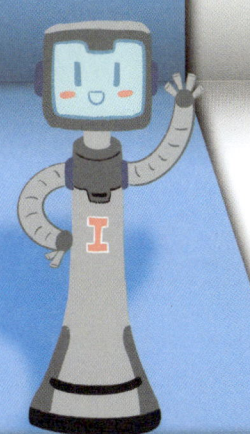

记忆力超群
过目不忘
会唱歌，会跳舞
质检院小百事通

正确认识食品添加剂

S老师带着小Q和小I来到美食街。

Q：这个豆腐水水嫩嫩的，看上去很好吃！

老板：我这个豆腐是石膏点的，可好吃了！

S：老板，来份豆腐！

老板：好嘞！

I：石膏是一种食品凝固剂。

Q：你骗谁呢？石膏不是治疗骨折时用的吗？怎么变成食品凝固剂了？

I：不骗你的，石膏就是一种食品凝固剂，没有食品凝固剂做不出豆腐来。

Q：这是真的吗？

S：食品凝固剂其实就是食品添加剂的一种，使用食品添加剂是为了满足食品加工操作的需要。

Q：食品凝固剂、食品添加剂……它们到底是什么呀？

S：老板，方便去你的后厨看看吗？

当然可以，没问题！

老板：看，这就是我点豆腐用的石膏，把它加到豆浆里就能做出豆腐来。

S：石膏的主要成分是硫酸钙，对蛋白质的凝固性缓和，做出的豆腐质地细嫩、持水性好、有弹性。

我国有些地方也会用氯化镁点豆腐。氯化镁是由水氯镁石或直接用制盐母液经过加工制成的，会使豆浆快速凝固，但做出来的豆制品持水性差、易破碎、苦味较强。

$MgCl_2$

I：将海水或盐湖水制盐后残留于盐池内的母液蒸发冷却，析出的结晶被称为卤块，其主要成分有氯化镁、硫酸钙、氯化钙及氯化钠等。卤块溶于水后称为"卤水"，能使豆浆中的蛋白质凝结起来，是我国千百年来制作豆腐常用的食品凝固剂。

Q：卤块多放点是不是豆腐就会凝固得快一点？

I：卤块对皮肤、黏膜有很强的刺激作用，对中枢神经系统有抑制作用。如果不小心误服，会恶心、呕吐、口干、胃痛、腹胀、腹泻，严重者会出现休克，甚至死亡。

Q: 你们不是说食品添加剂是安全的吗？怎么吃了还会死人啊？

S: 你这个问题提得很好！食品添加剂一定要严格按照国家标准规定的使用量和使用范围在食品生产经营中使用，才能保证安全。

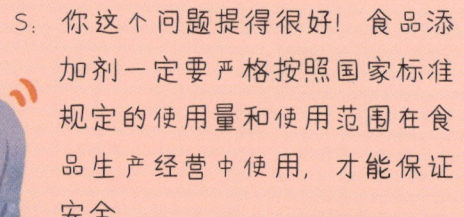

《食品安全国家标准 食品添加剂使用标准》不仅列出了食品中允许使用的添加剂品种，而且详细规定了每种食品添加剂的使用范围和最大使用量。

这个最大使用量是经过食品添加剂的安全性评价和暴露量评估确定的，所以按照标准使用食品添加剂是安全可靠的。

我这是石膏，不是卤块，你害怕个啥呀！再说，用卤水点豆腐也传了几百年，只要放得适量，怎么可能吃死人嘛！

Q: 市场上销售的食品那么多，我怎么知道其中添加剂的含量是不是符合标准呢？

S: 这就需要根据检测标准，采用不同的检测仪器，对食品中的添加剂含量进行检测分析。要不我们去检测食品添加剂的地方看看？

S: 许多食品在加工过程中需要经过润滑、消泡、助滤、稳定或凝固等工序，比如有些豆制品和乳制品，如果没有相应的食品消泡剂、食品凝固剂等就无法做成功。你以后还想吃豆腐吗？

Q: 那就只允许使用食品防腐剂、食品消泡剂、食品凝固剂……

S: 食品添加剂还可以满足不同人群的特殊需要。比如：糖尿病患者不能食用蔗糖，所以开发了甜味剂来满足他们对甜度的要求；婴儿生长发育需要各种营养素，所以开发了添加矿物质、维生素等营养强化剂的配方奶粉。

质检院到了，我们进去吧！

Q：哇！原来防腐剂检测是这么做的，长见识了！

S：今天还有什么检测项目？

工作人员：马上还要做一个维生素检测。

Q：就是我们平时吃的维生素片吗？

S：这里的维生素检测是指检测食品中含有的维生素含量。

GB 14880《食品安全国家标准 食品营养强化剂使用标准》规定：营养强化剂是指为了增强食品的营养成分（价值）而加入食品中的天然的或人工合成的营养素和其他营养成分。

我们来看看维生素检测是怎么做的吧！

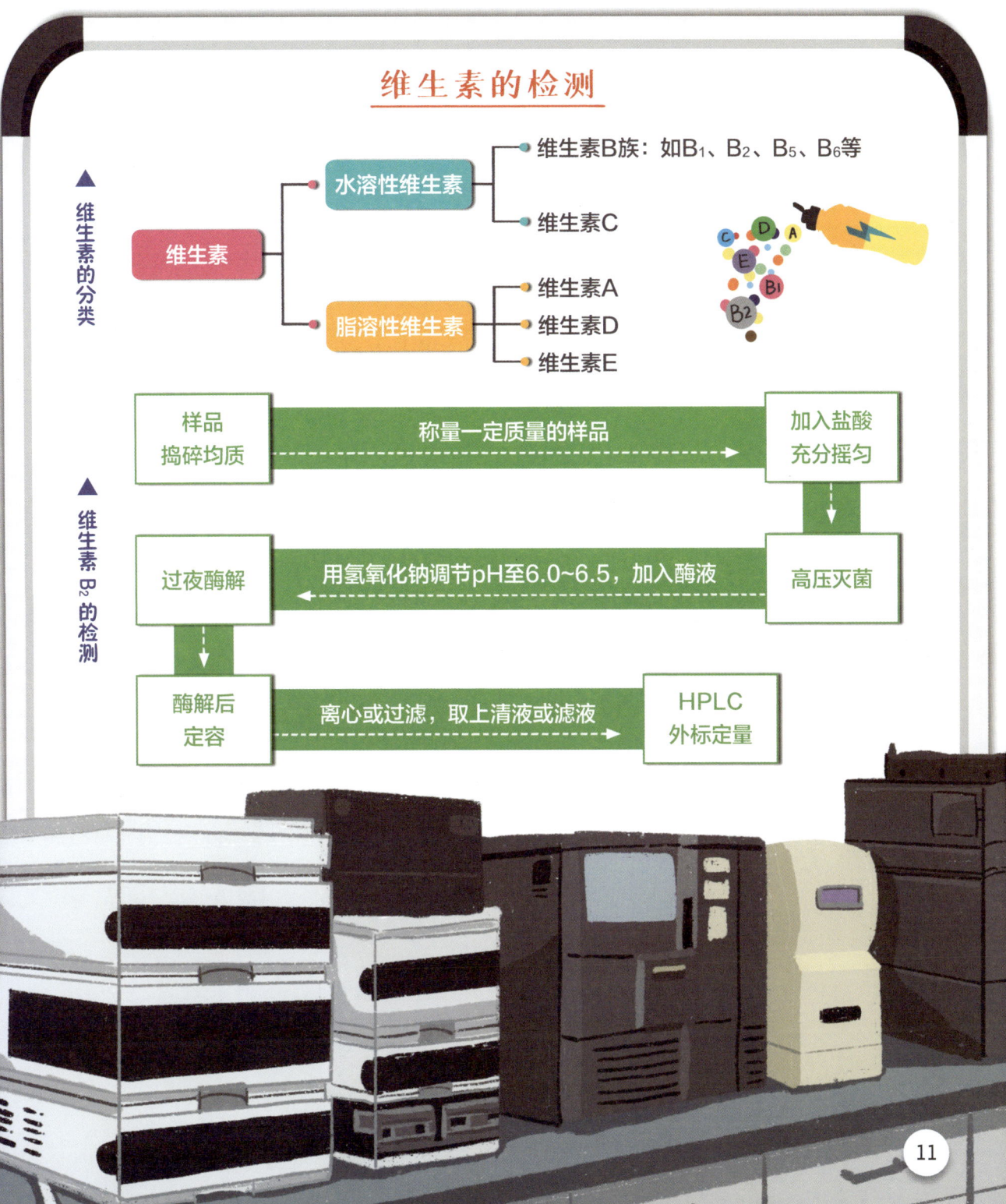

Q：食品添加剂是这几年才有的吗？

S：实际上，食品添加剂从古至今一直都存在，像点豆腐的卤水就传承了千百年。只是后来这些加入食品中的东西被统称为食品添加剂，把大家吓坏了，因为许多人把它与非法添加物混淆了。

Q：非法添加物有哪些呢？

可能在食品中违法添加的非食用物质都属于非法添加物，比如：奶粉中添加的三聚氰胺、火腿肠中添加的瘦肉精、鸭蛋中添加的苏丹红、豆腐中添加的吊白块、浸泡鱼的孔雀石绿等。

这些非法添加物能检测出来吗？

每种非法添加物都有特定的检测方法，是可以检测出来的。

总的来说，非法添加物是不能添加到食品中的；食品添加剂可以使用于食品中，但必须按照标准、在一定范围内加入有限的量。只要按照标准使用食品添加剂，就是安全可靠的，大可不必谈"添"色变。

食品微生物检测

小Q吃坏了肚子，在医院输液，S老师前来看望。

S：听说你饿急了，直接拿出冰箱里的剩饭剩菜就吃了？

Q：是呀，我闻了闻，觉得没坏，就直接吃了。

S：冰箱可不是保险箱，放在冰箱里的饭菜在食用前一定要彻底加热。

Q：为什么呀？这些饭菜看着和放进去时一样，而且闻上去味道也一样。

S老师见小Q没什么问题,就带她乘出租车直接去了食品检测实验室。

Q: 医生说我是细菌感染,可我想不明白,剩饭剩菜里为什么会有细菌呢?

S: 其实空气中、水中、食物中都有细菌,只要我们采用适当的手段,比如把生的食物烧熟,就可以把这些细菌杀死。

Q: 原来烧菜的过程就是杀死细菌的过程啊!

S: 但烧熟的菜如果保存不当,还是有污染细菌的可能,所以最好当天吃完。细菌的繁殖速度很快,隔夜保存的饭菜如果吃之前没有彻底加热,那么繁殖出来的细菌就可能被人吃进肚子里去了。

Q: 然后就像我一样,要去医院看医生了……

日常生活中的很多食品安全问题都来源于微生物引起的食源性感染，而引起食源性感染的微生物基本上都是细菌，如沙门氏菌、副溶血性弧菌、单核细胞增生李斯特氏菌等。

单核细胞增生李斯特氏菌 →

沙门氏菌 →

← 副溶血性弧菌

竟然有这么多细菌！怎样才能把它们检测出来呢？

细菌是一种微生物，随着科学技术的发展，我们可以把一些细菌检测出来。比如：用一种特殊的革兰氏染色方法对细菌进行染色，就可以把成千上万种细菌分为两大类，即革兰氏阴性菌和革兰氏阳性菌。

革兰氏阴性菌：
染色后呈红色

革兰氏阳性菌：
染色后呈蓝紫色

质检院到了，我们现在就去实验室了解一下这个神秘的微生物世界吧！

我正在无菌室帮忙做检测呢，穿的是专用工作服。你们如果要进无菌室，也要换衣服并消毒。

无菌室？就是没有细菌的房间吗？

更准确地说，应该叫"洁净室"。不同等级的洁净室里面的微生物数量和悬浮颗粒数量的要求不同，它能保证样品在检测过程中不受外界因素的污染。洁净室是我们做微生物检测的实验区域之一。

为什么要检测微生物？

微生物一般是肉眼看不见或看不清的微小生物的统称，主要包括细菌、病毒、真菌和少数藻类等。

 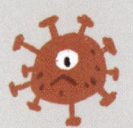 

细菌　　病毒　　真菌　　藻类

微生物广泛存在于自然界中，它们主要具有以下4个特点：

1. 结构简、体积小　　2. 培养易、繁殖快
3. 适应强、易变异　　4. 种类多、分布广

S：也有一些微生物是肉眼可以看见的，像属于真菌的蘑菇、灵芝等。

Q：蘑菇我爱吃！灵芝没吃过……

I：你就知道吃，刚从医院出来也不长记性！

S：快换衣服吧，我们去洁净室看看。

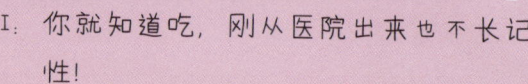

S老师带着小Q换好消毒过的工作服,和小I一起走进无菌室。

今天要检测一批样品的指示菌,包括菌落总数、大肠菌群、霉菌、酵母菌等。在食品相关标准中有对这些指示菌的限量要求。

指示菌在食品中的存在情况,能够间接反映食品的卫生状态。

Q:你们刚才说,洁净室是做微生物检测的实验区域之一,那还有哪些检测区域呢?

S:洁净室检测的是菌落总数、大肠菌群之类反映产品卫生状况的微生物项目。如果要检测有可能引起致病反应、对身体产生危害的致病菌,就需要在防护措施更严格、生物安全等级更高的致病菌鉴定室里进行。

I:食品微生物检测实验室的主要检测区域包括洁净室、致病菌鉴定室、菌种室、霉菌培养室,其他实验辅助区域包括高压灭菌室、培养基配制室、培养基储存室、清洗室等。

这些名称又把你搞晕了吧!我们再去致病菌鉴定室,看看把你弄进医院的致病菌是怎么检测的!

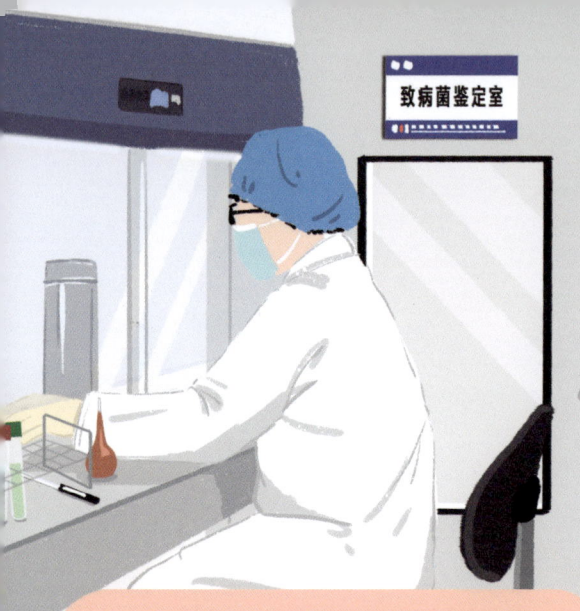

GB 29921《**食品安全国家标准 食品中致病菌限量**》对沙门氏菌、金黄色葡萄球菌、单核细胞增生李斯特氏菌及副溶血性弧菌做了相应的限量要求，这些都是食品中可能存在并含有致病风险的微生物。

S: 在各种食物中毒中，由沙门氏菌引发的往往占首位。沙门氏菌在畜禽肉和蛋中最为常见，也会出现在奶制品、鱼、虾等食品中。

Q: 让我进医院的一定就是这个沙门氏菌吧？

S: 不一定。单核细胞增生李斯特氏菌就是一种臭名昭著的"冰箱菌"、嗜冷菌，它能在4℃的冰箱环境下生长繁殖，是冷藏食品威胁人类健康的主要病原菌。

还有一种副溶血性弧菌，能在盐度很高的水产食品里生存，可耐受8%左右浓度的盐分呢！

避免致病菌危害要做到：不吃生的或加热不彻底的鱼、肉等动物性食品；不吃不干净的水果、蔬菜；剩余饭菜食用前要彻底加热；防止食品生熟交叉污染；养成良好的个人卫生习惯，饭前便后要洗手；在外就餐时，一定要注意就餐环境的卫生状况，尽量不吃或少吃路边摊食品。

Q: 细菌太可恶了!应该把它们都杀死!

S: 刚才检测的这些是有害的细菌,还有一些是有益的细菌哦!

Q: 还有有益的细菌?

S: 酵母菌、霉菌、乳酸菌等都是对人体有益的细菌,它们定植于人体肠道、生殖系统内,能产生确切的健康功效,改善宿主的微生态平衡。

Q: 我听不明白,您能讲得简单点吗?

像你爱吃的酒酿,需要用酵母菌发酵;臭豆腐的加工需要借助特定的霉菌;各式各样的酸奶都是由乳酸菌发酵制成的……这些细菌吃下去对人体都有益。

霉菌

乳酸菌

← 酵母菌

说到吃的,我就听懂了!

市场上含有有益细菌的食品很多,但是只有当这些有益细菌达到一定数量级别时,该类产品才会对人体发挥有益的作用。因此,我们需要对市场上销售的各类产品进行检测,比如对含乳酸菌的产品进行乳酸菌总数计数等。

▲ 乳酸菌的检测

生活中常见的乳酸菌有乳杆菌、嗜热链球菌和双歧杆菌。

当乳酸菌含量达到一定数量时，能改善人体内的肠道菌群，乳酸菌的代谢物也对人体有益。

用微生物培养方法，可以检测乳酸菌是否达到改善人体内菌群的数量。

检测方法可以简单归为五步：

- **称量稀释**：使乳酸菌的数量能在培养基中准确计数。
- **倾注培养基**：不同的乳酸菌使用的培养基不同，目的是给乳酸菌提供营养，让它们长到可以让检验员直接用肉眼观察。
- **培养**：给乳酸菌适宜的生长环境以促进它们繁殖。
- **计数**：检验员直接对培养后的乳酸菌进行计数。
- **报告结果**：通过稀释度的换算，得出乳酸菌数量。

S：今天看了三个检测过程，第一个是卫生指示菌数量检测，第二个是有害细菌的检测，第三个是有益细菌的检测。你能说出它们的共同点吗？

Q：三个检测的共同点是，让微生物可以被我们用肉眼观察并检测出来！

S：总结得很好！另外，食品中维生素含量的检测也能利用部分微生物的活性检测来进行。

在一定条件下，一些微生物的生长、繁殖与溶液中某种维生素的含量具有一定的对应关系，维生素含量高则生长繁殖多，反之则生长繁殖少。微生物法就是利用这种对应关系来间接测出样品中某维生素含量的。由于生物体的敏感性是其他任何仪器都无法替代的，所以微生物法的灵敏度比其他仪器法、化学法都要高。

目前在全世界范围内，因食用被致病微生物污染的食品而引发疾病，是食品安全的头号问题。为此，我国政府一直积极建立和完善食品安全监测和监督抽查制度、食品安全评价体系等，努力为食品安全监管提供保障。微生物检测就是保障食品安全的**重要一环！**

转基因到底是什么意思?

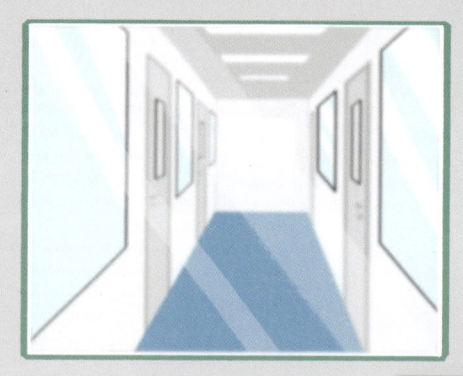

通俗来讲,基因决定了生物的性状。转基因技术就是将某个物种的特定基因片段植入到另一个物种的基因组中,让该物种发生我们预期达到的目标,如具有某些特定的功能或产生特定的产物。

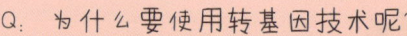

Q: 为什么要使用转基因技术呢?

S: 因为利用转基因技术,可能将传统育种技术需要十多年才完成的工作缩短至三四年。而且,转基因技术还可以解决杂交技术无法完成的某些培育工作。

目前用于育种的转基因技术主要有抗病虫害、抗除草剂、改善品质等几种。

除了刚才在大卖场看见的大豆油，我们平时还能见到哪些转基因食品？

与人们生活相关的转基因食品主要分为四类：

- 第一类是<u>未经加工处理的转基因原料</u>

  比如：转基因木瓜

- 第二类是<u>产品成分中含有转基因原料</u>

  比如：添加了转基因大豆的食品

- 第三类是<u>来源于转基因原料，但终产品中已经不含有转基因成分</u>

  比如：转基因大豆油

- 第四类是<u>用转基因原料加工的产品</u>

  比如：有些奶酪在制作过程中使用了转基因微生物

按照我国对转基因产品及其生产的相关管理办法，进口转基因农产品仅可用于生产再加工，不会直接流向市场，所以市场上可见的转基因食品多是转基因大豆油。

我国已经批准商业化种植的转基因农作物种类目前主要是棉花和木瓜。棉花是经济作物，一般不会作为食品生产加工的原料。所以，在市场上能够见到的转基因农产品基本只有转基因木瓜。

国务院在2002年颁布实施了《农业转基因生物标识管理办法》，这一法规就转基因农产品、转基因加工品及转基因食品如何进行标识进行了规范性的说明。

此外，《中华人民共和国食品安全法》也明确规定了使用转基因原料进行加工的食品应在标签上明确标识，以便消费者做出选择。

Q: 虽然有这些法律规定，但我如果对食品中是否含有转基因成分仍然不放心怎么办？

I: 可以做检测呀！走，我们去PCR检测实验室看看。

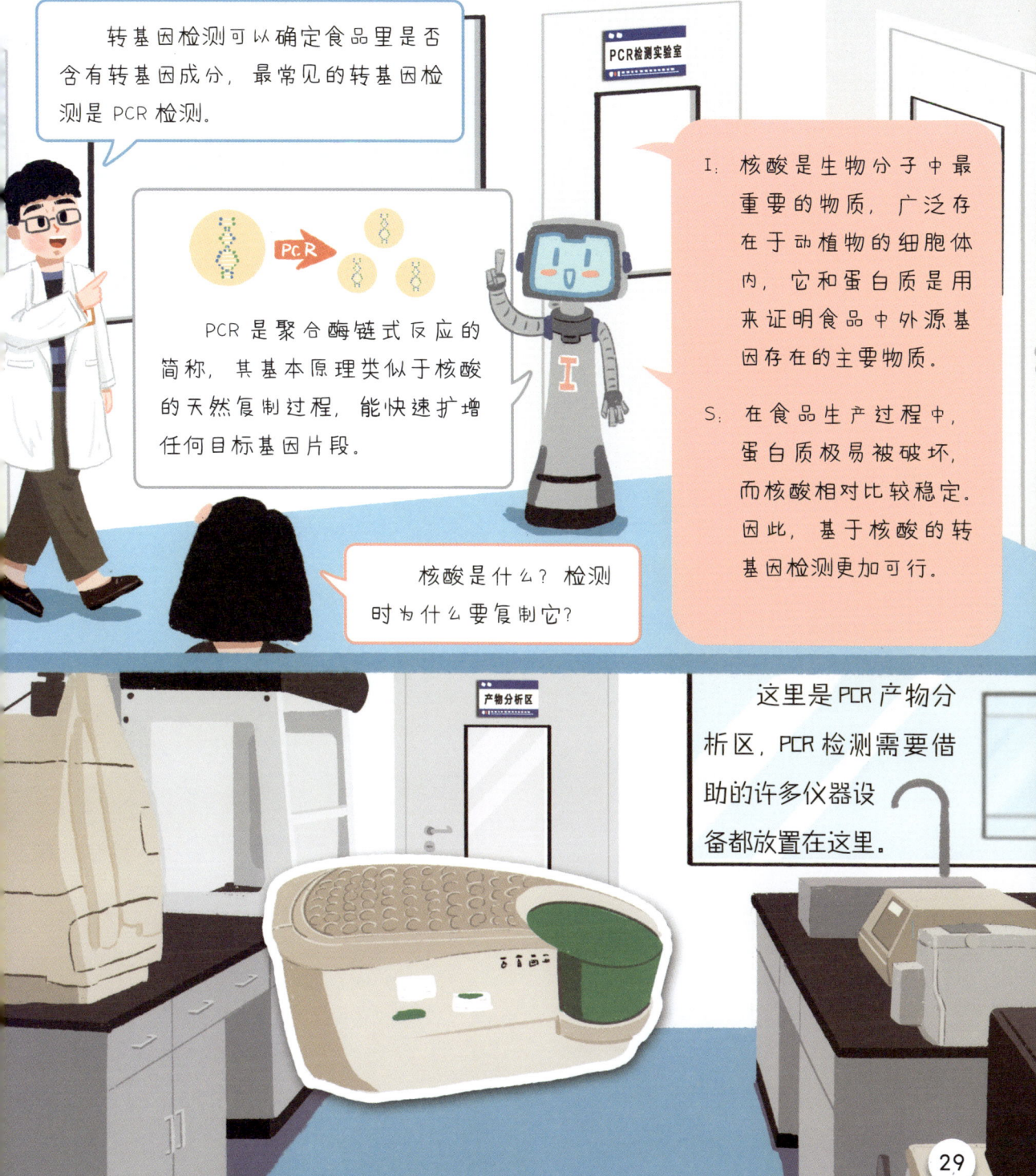

PCR检测主要通过样品制备、核酸提取、PCR扩增、PCR扩增产物分析等一套完整的实验流程来完成。下面以大豆转基因检测为例。

大豆转基因检测流程

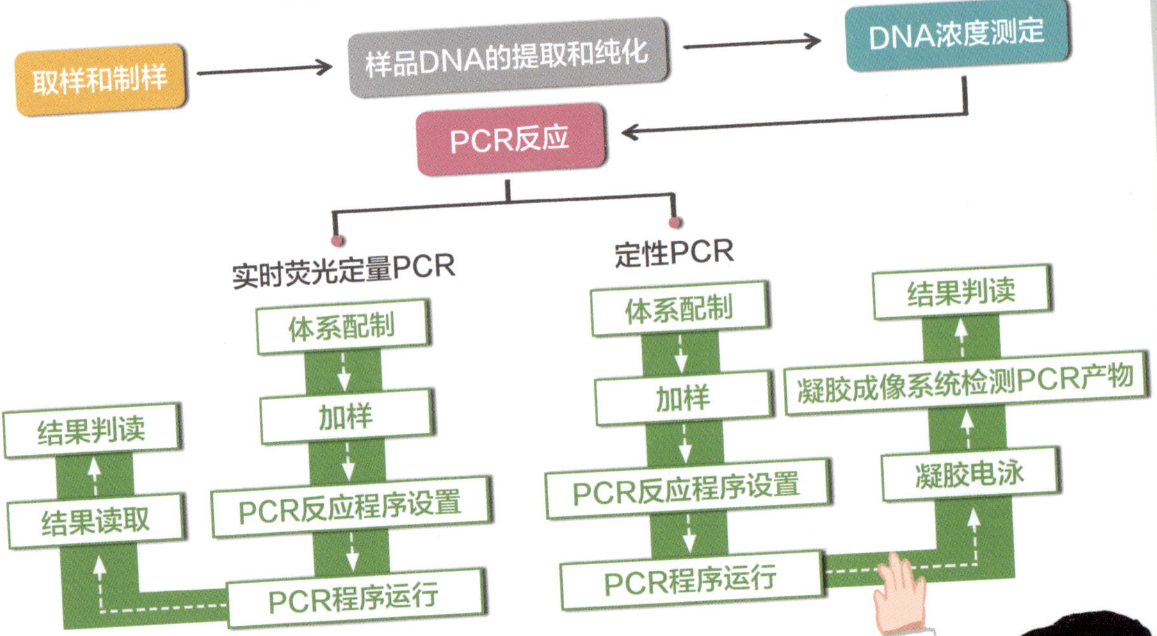

```
取样和制样 → 样品DNA的提取和纯化 → DNA浓度测定
                ↓                      ↓
              PCR反应 ←————————————————
              ↙      ↘
   实时荧光定量PCR    定性PCR
      体系配制         体系配制         结果判读
        ↓               ↓                ↑
       加样            加样      凝胶成像系统检测PCR产物
        ↓               ↓                ↑
  PCR反应程序设置   PCR反应程序设置      凝胶电泳
        ↓               ↓                ↑
   PCR程序运行      PCR程序运行 ————————→
        ↓
     结果读取
        ↓
     结果判读
```

PCR检测除了可用于检测转基因成分之外，还能用于动植物成分鉴定和过敏原检测等。

我国的食品安全工作仍面临不少困难和挑战，如：微生物和重金属污染、农药兽药残留超标、添加剂使用不规范、制假售假等问题时有发生，环境污染对食品安全的影响也逐渐显现。

有道是："民以食为天，食以安为先。"我国对食品安全越来越重视。

2016年10月25日，中共中央、国务院印发的《"健康中国2030"规划纲要》（以下简称《纲要》）指出，健康是促进人的全面发展的必然要求，是经济社会发展的基础条件。《纲要》还指出，要完善食品安全标准体系，实现食品安全标准与国际标准基本接轨。要健全从源头到消费全过程的监管格局，严守从农田到餐桌的每一道防线，让人民群众吃得安全、吃得放心。

2019年5月9日，正式发布实施的《中共中央、国务院关于深化改革加强食品安全工作的意见》指出，要建立食品安全现代化治理体系，提高从农田到餐桌全过程监管能力，提升食品全链条质量安全保障水平，增强广大人民群众的获得感、幸福感、安全感，为实现"两个一百年"奋斗目标和中华民族伟大复兴的中国梦奠定坚实基础。

党的十九大报告也明确提出要实施食品安全战略，让人们吃得放心。这是党中央着眼党和国家事业全局，对食品安全工作做出的重大部署。

食品安全关系人民群众的身体健康和生命安全，也关系中华民族的未来。人民日益增长的美好生活需要对加强食品安全工作提出了新的更高要求。必须用最严谨的标准、最严格的监管、最严厉的处罚、最严肃的问责，进一步加强食品安全工作，确保人民群众

"舌尖上的安全"！

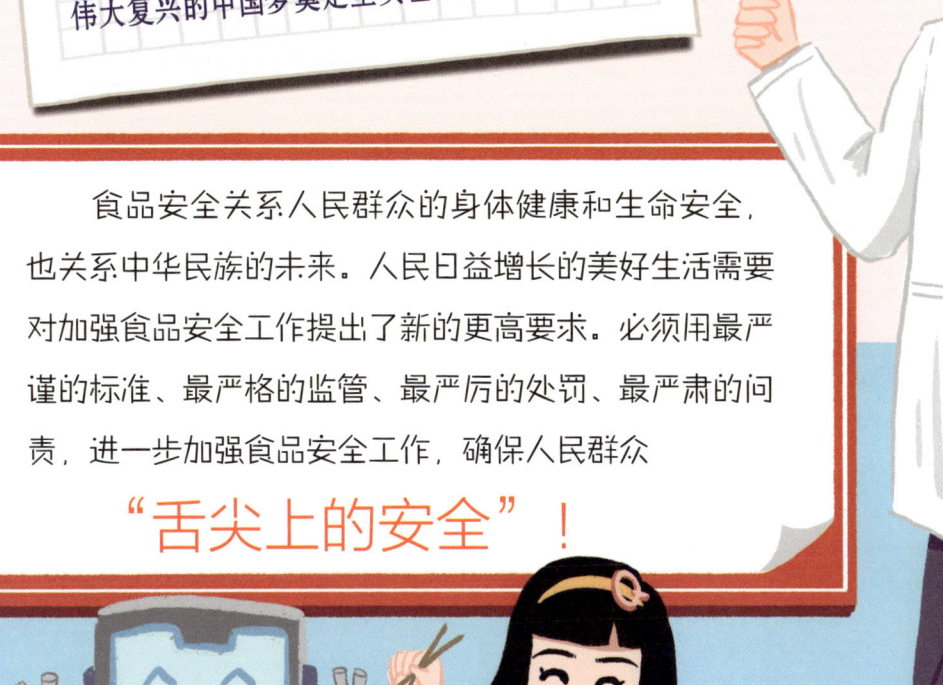

图书在版编目（CIP）数据

质量安全伴我行.2，食品安全检测篇/上海市质量监督检验技术研究院著.—上海：上海科技教育出版社，2021.2
ISBN 978-7-5428-7428-3

Ⅰ.①质… Ⅱ.①上… Ⅲ.①产品质量-安全管理-中国②食品安全-食品检验-中国 Ⅳ.①F279.23②TS207.3

中国版本图书馆CIP数据核字（2021）第017053号

责任编辑　师宇楠
封面设计　夏　烨

质量安全伴我行

食品安全检测篇

上海市质量监督检验技术研究院　著
谢宗贤　聂瑜君　绘

出版发行	上海科技教育出版社有限公司	
	（上海市柳州路218号　邮政编码200235）	
网　　址	www.sste.com　www.ewen.co	
经　　销	各地新华书店	
印　　刷	上海昌鑫龙印务有限公司	
开　　本	889×1194　1/24	
印　　张	1.5	
版　　次	2021年2月第1版	
印　　次	2021年2月第1次印刷	
书　　号	ISBN 978-7-5428-7428-3/N·1113	